New Decorated Home

新饰家 丛书

浪漫居室

霍 衍 编著

辽宁美术出版社

图书在版编目（ＣＩＰ）数据

新饰家丛书．浪漫居室／霍衍编著．－－ 沈阳：辽
宁美术出版社，2014.5
　　ISBN 978－7－5314－6037－4

　　Ⅰ．①新… Ⅱ．①霍… Ⅲ．①住宅－室内装修－建筑
设计－图集 Ⅳ．①TU767－64

　　中国版本图书馆CIP数据核字(2014)第085304号

出 版 者：辽宁美术出版社
地　　 址：沈阳市和平区民族北街29号　邮编：110001
发 行 者：辽宁美术出版社
印 刷 者：沈阳市博益印刷有限公司
开　　 本：889mm×1194mm　1/16
印　　 张：3
字　　 数：10千字
出版时间：2014年5月第1版
印刷时间：2014年5月第1次印刷
责任编辑：彭伟哲　光　辉
封面设计：范文南　洪小冬
版式设计：彭伟哲
技术编辑：鲁　浪
责任校对：李　昂
ISBN 978－7－5314－6037－4

定　　 价：25.00元

邮购部电话：024－83833008
E-mail:lnmscbs@163.com
http://www.lnmscbs.com
图书如有印装质量问题请与出版部联系调换
出版部电话：024－23835227